Luis Rubén Juárez Zapatero

Privatización y acaparamiento de agua

Luis Rubén Juárez Zapatero

Privatización y acaparamiento de agua

El capitalismo causa raíz de la crisis hídrica

Editorial Académica Española

Imprint
Any brand names and product names mentioned in this book are subject to trademark, brand or patent protection and are trademarks or registered trademarks of their respective holders. The use of brand names, product names, common names, trade names, product descriptions etc. even without a particular marking in this work is in no way to be construed to mean that such names may be regarded as unrestricted in respect of trademark and brand protection legislation and could thus be used by anyone.

Cover image: www.ingimage.com

Publisher:
Editorial Académica Española
is a trademark of
Dodo Books Indian Ocean Ltd. and OmniScriptum S.R.L publishing group

120 High Road, East Finchley, London, N2 9ED, United Kingdom
Str. Armeneasca 28/1, office 1, Chisinau MD-2012, Republic of Moldova, Europe
Printed at: see last page
ISBN: 978-613-9-41088-0

Privatización y acaparamiento de agua.

Autor.

Luis Rubén Juárez Zapatero.

Índice.

Contenido

Introducción.

El capitalismo es la causa raíz del acaparamiento y privatización del agua. La sociedad capitalista está orientada a la producción de mercancías, que en última instancia genera ganancias, y a la oligarquía. La incesante producción de mercancía requiere de la disponibilidad de grandes cantidades de agua. El acaparamiento y privatización de agua es un factor que conduce al cambio climático. Los procesos productivos de monopolios y trasnacionales son los responsables de la escacez del agua y la contaminación, y no las actividades cotidianas de las personas.

La solución implica instaurar un nuevo sistema social democrático que oriente la producción a satisfacer las necesidades del pueblo.

En la década de 1990 el Fondo Monetario Internacional y el Banco Mundial incentivaron a los gobiernos para crear legislaciones que privatizaran el agua. El 1 de diciembre de 1992, Carlos Salinas de Gortari, presidente de México en esa época, decretó la Ley de Aguas Nacionales que privatizó la infraestructura hídrica y el agua. 36 años después, los ríos y lagos se han convertido en drenajes y/o parte del sistema de riego, de manera que en ciertas épocas del año lucen seco los lechos de algunos ríos, los lagos y presas se convierten en depósitos de lodos tóxicos.

Se analizan los aspectos nocivos de la Ley de Aguas Nacionales, los cuales generan graves distorciones en el acaparamiento y suministro de agua, se señalan algunos impactos en el ámbito nacional, se utilizan al estado de Michoacán como caso de estudio para mostrar otras distorciones, o algunos casos individuales que ejemplifican el predominio del interés privado sobre el interés público.

El 8 de febrero de 2012 se reformó el artículo 4° de la Constitución Política de los Estados Unidos Mexicanos, para elevar a rango constitucional el derecho humano al agua, derivado de ello el artículo tercero transitorio señala: "El Congreso de la Unión, contará con un plazo de 360 días para emitir una Ley General de Aguas.". El plazo feneció el 2 de febrero de 2013, y hasta el momento de escribir estas líneas no se ha emitido la nueva ley, prevaleciendo la privatización del agua y sus infrestructura hídrica.

Se proponen elementos que debe incluir la nueva ley del agua para asegurar el derecho humano al agua, un ambiente sano y a una vida sana.

Capitalismo causa raíz del cambio climático.

Desde hace décadas los científicos han demostrado que calentamiento global, el cambio climático y el Antropoceno es resultado de los procesos de producción de la era industrial, es decir, del capitalismo, el sistema económico hegemónica en el planeta, orientado a la producción de mercancías con el fin último de generar ganancias para una élite.

La NASA publica evidencia, causas y efectos del cambio climático:

- Evidencia: https://climate.nasa.gov/en-espanol/datos/evidencia/.
- Causas: https://climate.nasa.gov/en-espanol/datos/causas/
- Efectos: https://climate.nasa.gov/en-espanol/datos/efectos/

Antropoceno es un término ampliamente usado desde el año 2000 cuando fue definido por Paul Crutzen y Eugene Stoermer para referirse a la actual era geológica, en la cual muchas condiciones y procesos en la Tierra son alterados profundamente por la actividad humana. Esa actividad se ha intensificado significativamente desde el inicio de la era industrial, colocando al sistema Tierra fuera del estado típico de la era del Holoceno. El Grupo de Trabajo del Antropoceno (Anthropocene Working Group) integrado por un grupo de científicos y científicas, publicaron una declaración el 21 de mayo de 2019, en la cual establecieron que existen evidencias pero que son necesarios más estudios para declarar que nos encontramos en la era del Antropoceno[1].

Fenómenos asociados con el Antropoceno incluyen: incremento significativo en erosión y transporte de sedimentación asociado con urbanización y agricultura;

---

[1] http://quaternary.stratigraphy.org/working-groups/anthropocene/

marcadas y abruptas perturbaciones provocadas por la actividad humana de los ciclos del carbón, nitrógeno, fosforo y varios metales junto a nuevos componentes químicos; cambios ambientales generados por esas perturbaciones, incluyendo calentamiento global, incremento del nivel del mar, acidificación de los océanos, expansión de "zonas muertas" en el océano; cambios rápidos en la biosfera terrestre y marina, como resultado de la pérdida de hábitat, depredación, explosión de poblaciones de animales domésticos e invasiones de especies; y la proliferación y dispersión global de muchos nuevos "minerales" y "rocas", incluidos el hormigón, las cenizas volantes y los plásticos, y la miríada de "tecnofósiles".

Muchos de estos cambios persistirán durante milenios o más y están alterando la trayectoria del Sistema Tierra, algunos con efectos permanentes. Se están reflejando en un cuerpo distintivo de estratos geológicos que ahora se están acumulando y que tienen potencial para preservarse en un futuro lejano.

En 2009 un grupo de científicos publicaron en la revista "Ecology & Society" el artículo "Planetary Boundaries: Exploring the Safe Operating Space for Humanity"[2], en el cual proponen un nuevo acercamiento para lograr la sostenibilidad global en la cual definen límites planetarios dentro de los cuales esperamos que la humanidad pueda vivir de manera segura. El documento establece 9 límites planetarios:

1) Cambio climático, 2) acidificación de los océanos, 3) destrucción de la capa de ozono, 4) interferencia con el ciclo global del fósforo y nitrógeno, 5) pérdida de biodiversidad, 6) uso global de agua dulce (acaparamiento y privatización del agua), 7) cambio de uso de suelo, 8) aerosoles atmosféricos y 9) contaminación química.

El 13 de septiembre de 2023 en la revista "Science Advances"[3] se publicó el artículo "Earth beyond six of nine planetary boundaries" en el cual establece que con base

---

[2] Rockström, J., W. Steffen, K. Noone, Å. Persson, F. S. Chapin, III, E. Lambin, T. M. Lenton, M. Scheffer, C. Folke, H. Schellnhuber, B. Nykvist, C. A. De Wit, T. Hughes, S. van der Leeuw, H. Rodhe, S. Sörlin, P. K. Snyder, R. Costanza, U. Svedin, M. Falkenmark, L. Karlberg, R. W. Corell, V. J. Fabry, J. Hansen, B. Walker, D. Liverman, K. Richardson, P. Crutzen, and J. Foley. 2009. Planetary boundaries:exploring the safe operating space for humanity. Ecology and Society 14(2): 32. [online] URL: http://www.ecologyandsociety.org/vol14/iss2/art32/

[3] Katherine Richardson et al. ,Earth beyond six of nine planetary boundaries.Sci. Adv.9,eadh2458(2023).DOI:10.1126/sciadv.adh2458

a recientes mediciones, 6 de los 9 límites planetarios han superado los límites que permiten a la humanidad vivir con seguridad, los límites superados son: cambio climático, interferencia con el ciclo global del fósforo y nitrógeno, pérdida de biodiversidad, uso global de agua dulce, cambio de uso de suelo, y contaminación química.

Recientemente el Programa Copérnico de la Comunidad Europa declaro que el año 2023 es el año más caluroso desde 1850[4] , con una temperatura promedio estimada 14.98 grados centígrados, esto es 1.48°C más caluroso que la temperatura preindustrial estimada en 13.5 grados centígrados[5], es muy probable que en un periodo de 12 meses terminando en enero o febrero de 2024 excederá los 1.5°C por encima de los niveles de la era preindustrial. Esta es una noticia funesta para la humanidad, ya que el objetivo 13 de los Objetivos de Desarrollo Sostenible[6], señala:

"El Grupo Intergubernamental de Expertos sobre el Cambio Climático (IPCC) subraya que es esencial reducir de forma sustancial, rápida y sostenida las emisiones de los gases de efecto invernadero (GEI) en todos los sectores, a partir de ahora, y durante toda esta década. Para limitar el calentamiento global a 1,5 °C por encima de los niveles preindustriales, las emisiones deben estar ya disminuyendo y reduciéndose a casi a la mitad para 2030, a tan solo siete años vista."

El objetivo previamente citado se evalúa estimando la temperatura promedio en periodos de 20 años, si bien en los últimos 20 años la temperatura promedio no alcanza 1,5 °C por encima de los niveles preindustriales, la tendencia de la temperatura promedio se dirige en sentido opuesto al señalado por el objetivo 13 de los Objetivos de Desarrollo Sostenible.

---

[4] https://climate.copernicus.eu/global-climate-highlights-2023
[5] https://www.agenciasinc.es/Noticias/Copernicus-confirma-que-2023-fue-el-ano-mas-caluroso-desde-que-hay-
registros#:~:text=Debido%20a%20las%20temperaturas%20an%C3%B3malas,r%C3%A9cord%20de%20a%C3%B1o%20m%C3%A1s%20c%C3%A1lido.
[6] https://www.un.org/sustainabledevelopment/es/climate-change-2/

Multimillonarios, trasnacionales y monopolios causantes del cambio climático.

El 20 de noviembre de 2023 OXFAM Internacional publicó el artículo denominado "El 1 % más rico contamina tanto como los dos tercios más pobres de la humanidad"[7], en el cual se da a conocer los principales resultados del "Igualdad Climática: Un planeta para el 99%":

- *El 1 % más rico (77 millones de personas) fue responsable del 16 % del total de emisiones según sus hábitos de consumo en 2019, una cifra mayor que la totalidad de las emisiones generadas por desplazamientos en coche y el transporte por carretera. El 10 % más rico generó la mitad (50 %) de las emisiones totales.*
- *Se calcula que cualquier persona perteneciente al 99 % más pobre de la humanidad tardaría alrededor de 1500 años en generar las emisiones que los milmillonarios más ricos producen en un año.*
- *Cada año, las emisiones que produce el 1 % más rico anulan los ahorros en emisiones de carbono que generan casi un millón de turbinas eólicas.*
- *En comparación con la mitad más pobre de la humanidad, desde la década de 1990, el 1 % más rico ha consumido el doble de carbono disponible para emitir sin provocar un aumento de la temperatura global superior al límite seguro de 1,5 °C.*
- *De cara a 2030, se prevé que el nivel de emisiones generadas por el 1 % sea 22 veces mayor que el compatible con el objetivo de mantenerse por debajo del límite fijado en el Acuerdo de París.*

Por su relevancia cito las páginas 5 y 6 del Resumen Ejecutivo del estudio "Igualdad Climática: Un planeta para el 99%"[8]:

"Si no reducimos rápidamente las emisiones de carbono, en tan solo cinco años habremos agotado la cantidad de carbono que podemos emitir sin desencadenar un colapso climático. El último informe del Grupo Intergubernamental de Expertos sobre el Cambio Climático (IPCC) ha demostrado de forma clara que los países

---

[7] https://www.oxfam.org/es/notas-prensa/el-1-mas-rico-contamina-tanto-como-los-dos-tercios-mas-pobres-de-la-humanidad

[8] https://www.oxfam.org/es/informes/igualdad-climatica-un-planeta-para-el-99

ricos con altas emisiones y las grandes empresas contaminantes son los mayores responsables de la creciente crisis climática.

La función de los países del Norte global en la crisis climática y su responsabilidad en ella están bien documentados: se ha demostrado que, debido a su pasado histórico y en varios casos colonial, los países clasificados por la Convención Marco de las Naciones Unidas sobre el Cambio Climático (CMNUCC) en la categoría de "Anexo 1" (es decir, los más industrializados) son responsables del 90 % del exceso de emisiones y, los países del Norte global en concreto, del 92 %.

El papel de las grandes corporaciones en la crisis climática también está bien documentado, en especial en el caso de las empresas de combustibles fósiles. Un estudio de alto nivel ha revelado que el 70 % de las emisiones industriales de carbono desde 1998 tienen su origen en tan solo 100 empresas productoras de petróleo, carbón y gas.

El papel de los súper ricos y los ricos (respectivamente, el 1 % y el 10 % de la población con mayores ingresos) en el colapso climático es mucho más desconocido y está menos documentado. Sin embargo, entender la función que desempeña esta minoría es fundamental para conseguir estabilizar el planeta y garantizar una vida digna para el conjunto de la población.

En concreto, el 1 % más rico de la población tiene una función clave en la crisis climática por tres razones:

1. por las emisiones de carbono que generan en su vida cotidiana a través del consumo, por ejemplo, del uso de yates y aviones privados, y de un opulento estilo de vida;

2. por sus inversiones y su participación como accionistas en industrias muy contaminantes, y por su interés económico y financiero en mantener el statu quo; y

3. por la influencia indebida que ejercen sobre los medios de comunicación, la economía, la política y la elaboración de políticas.

En 2019, el 1 % más rico de la población mundial generó el mismo volumen de emisiones que el 66 % más pobre (5000 millones de personas)."

Esto es, la élite económica y los principales monopolios del mundo son los principales responsables del cambio climático.

Nos encontramos en un punto de inflexión que coloca a la humanidad al borde de una crisis que pone en riesgo nuestra existencia. La humanidad debe actuar ya, erradicar la causa raíz del cambio climático. Se requiere tomar medidas enérgicas asumidas democráticamente.

Un ejemplo interesante es la ley para luchar contra la deforestación mundial, si bien se limita a número reducido de productos, representa un inicio, denominada "Regulation (EU) 2023/1115 on deforestation-free products"[9], aprobada por Parlamento de Unión Europea, el boletín de prensa del Parlamento[10] reconoce que:

"Entre 1990 y 2020, la deforestación destruyó una superficie mayor que la de la UE, y cerca del 10% es atribuible al consumo en la Unión"

Por lo que:

"Para combatir el cambio climático y la pérdida de biodiversidad, la nueva ley obliga a las empresas a garantizar que sus productos no han provocado deforestación ni degradación forestal.

Aunque no se vetará a ningún país ni materia prima, las empresas solo podrán vender productos en la UE si el proveedor de los mismos ha emitido una declaración de «diligencia debida». Esta deberá certificar que el producto no procede de tierras deforestadas ni ha provocado degradación forestal, tampoco de bosques primarios irremplazables, después del 31 de diciembre de 2020.

Tal y como solicitó el Parlamento, las empresas también tendrán que demostrar que estos productos cumplen la legislación correspondiente del país productor, incluida

---

[9] https://environment.ec.europa.eu/topics/forests/deforestation/regulation-deforestation-free-products_en
[10] https://www.europarl.europa.eu/news/es/press-room/20230414IPR80129/el-parlamento-aprueba-una-nueva-ley-para-luchar-contra-la-deforestacion-mundial

Ilustración 1 Emisiones derivadas del consumo y de las inversiones – el ejemplo de dos milmillonarios. Fuente: Oxfam, Barros y Wild (2021)

Qué hacer.

El combate al cambio climático implica erradicar la causa raíz que lo ocasiona, es decir, implica erradicar al capitalismo como sistema hegemónica, implica crear una sociedad democrática que oriente la producción de bienes y servicios para solventar las necesidades y derechos de la humanidad, al mismo tiempo que se enfoca a cumplir con los Objetivos de Desarrollo Sustentable y tomar medidas serias para evitar que se desborden los 9 límites planetarios[11], por lo que es indispensable proteger el medio ambiente, evitar los cambios de uso de suelo forestal, evitar el acaparamiento y privatización del agua, proteger la biodiversidad, restaurar nuestros bosques como fuente de agua y hábitat para la flora y fauna, se trata de una tarea colectiva de la humanidad, en la cual las personas que habitan cada pueblo o ciudad tenemos la obligación común de forjar una sociedad democrática y

---

[11] 1) Cambio climático, 2) acidificación de los océanos, 3) destrucción de la capa de ozono, 4) interferencia con el ciclo global del fósforo y nitrógeno, 5) pérdida de biodiversidad, 6) uso global de agua dulce (acaparamiento y privatización del agua), 7) cambio de uso de suelo, 8) aerosoles atmosféricos y 9) contaminación química.

proteger el medioambiente, una dupla inseparable, inherente, imposible alcanzar la una sin la otra. Los pueblos que habitamos la tierra, en nuestro ámbito, debemos actuar colectivamente forjando nuevas formas de gobierno democrático y actuando simultáneamente para proteger y restaurar el medioambiente, evitando la deforestación, el acaparamiento y privatización del agua, la destrucción de la biodiversidad, evitando la contaminación y la alteración de los ciclos naturales del carbón, nitrógeno y fosforo.

Acaparamiento y privatización del agua.

El artículo "Planetary Boundaries: Exploring the Safe Operating Space for Humanity"[12], propone vigilar 9 límites planetarios para mantener a la biosfera dentro de condiciones que permitan a la humanidad pueda vivir de manera segura, el uso global de agua dulce es uno de esos límites, y su principal amenaza es el acaparamiento y privatización del agua. El artículo "Earth beyond six of nine planetary boundaries" en el cual establece que con base a recientes mediciones, 6 de los 9 límites planetarios han superado los límites que permiten a la humanidad vivir con seguridad, el uso global de agua dulce es uno de ellos.

Mostrar que la privatización y acaparamiento de agua responden al proceso de acumulación de capital, esto es, permitir la privatización y acaparamiento de agua con el fin de asegurar el abasto del agua en los procesos productivos de diversas mercancías. Particularmente, en la década de los años 90, el Banco Mundial, la Organización Mundial del Comercio y el Fondo Monetario Internacional presionaron a los gobiernos de los países a reformar sus legislaciones para permitir la privatización y acaparamiento del agua.

En el ámbito mundial se buscaron referencias acerca del acaparamiento del agua (water grabbing), sin embargo, únicamente se localizaron artículos aislados que

---

[12] Rockström, J., W. Steffen, K. Noone, Å. Persson, F. S. Chapin, III, E. Lambin, T. M. Lenton, M. Scheffer, C. Folke, H. Schellnhuber, B. Nykvist, C. A. De Wit, T. Hughes, S. van der Leeuw, H. Rodhe, S. Sörlin, P. K. Snyder, R. Costanza, U. Svedin, M. Falkenmark, L. Karlberg, R. W. Corell, V. J. Fabry, J. Hansen, B. Walker, D. Liverman, K. Richardson, P. Crutzen, and J. Foley. 2009. Planetary boundaries:exploring the safe operating space for humanity. Ecology and Society 14(2): 32. [online] URL: http://www.ecologyandsociety.org/vol14/iss2/art32/

aportaron datos sobre el acaparamiento de agua a manos de empresas privadas, se identificó la "Iniciativa Land Matrix" que ha estado construyendo una base de datos de acaparamiento de tierras, que incluye algunos datos acerca del acaparamiento de agua, dicha iniciativa considera que el acaparamiento de tierra y agua están estrechamente vinculadas, sin embargo, se carece de datos duros acerca del acaparamiento de agua. Cabe señalar que en algunos países, como Estados Unidos, el agua siempre se ha considerado un bien privado.

En el ámbito de México y Michoacán se analizó la base de datos del Registro Público de Derechos de Agua de la Comisión Nacional del Agua, dicha base de datos se puede descargar total o parcialmente del sitio WEB del Registro Público de Derechos de Agua[13]. La base de datos contiene entre otros datos, el nombre del titular de la concesión, el folio o título de la concesión, el tipo de uso, el volumen anual concesionado en metros cúbicos y entidad federativa.

Se analizo el nombre del titular para determinar si se trataba de una persona física o moral, en el caso de las personas morales, a partir de las siglas vinculadas al nombre (A.C., S.A., A.R., URDERAL, etc.), se vinculo la ley que regula a cada persona moral, a partir de ello, se determino el tipo de tenencia: pública, social o privada. Por otra parte, encontramos que algunas empresas se fraccionaron para evitar ser acusadas de prácticas monopólicas, por lo que regionalmente modificaron su razón social, en tales casos se encuentran la Pepsi y Coca Cola, por lo que se realizo un esfuerzo para identificar a qué empresa refresquera pertenecían las empresas subsidiarias, esto se llevó acabo revisando el sitio WEB de cada empresas y/o a través de documentos legales en que la Pepsi y Coca Cola se acusaban mutuamente de prácticas monopólicas. A partir de esa clasificación, posteriormente se realizó una clasificación por ramo, por ejemplo, Cervecería, Inmobiliaria, Embotelladora, Vinícola, Avícola, Lácteos, Cemento, Educativo y Agua purificada. En resumen ha sido una labor exhaustiva y en continuo desarrollo, el detalle de la información se tiene resguardada en una base de datos.

---

[13] https://app.conagua.gob.mx/consultarepda.aspx

Resumen.

La crisis hídrica en México y el mundo no es un accidente, ni se debe al descuido de los 7.753 mil de millones de seres humanos que habitamos el planeta. Los verdaderos responsables de la crisis hídrica son las personas y empresas que acaparan y privatizan el agua, sus nombres se encuentran en la lista de billonarios de Forbes y la lista de Fortune 500.

El capitalismo es la causa raíz de la crisis hídrica global que privatiza el agua, desregula su extracción, y acapara en un número reducido de empresas e individuos provocando la sobreexplotación de cuencas y acuíferos. En el capitalismo el agua sólo tiene sentido como un insumo del proceso productivo de mercancías, cuyo fin último es generar ganancias y acumular capital, que en última instancia conforma las enormes fortunas de la oligarquía mundial.

Presentamos información sobre el acaparamiento y privatización en el mundo. En el ámbito de México y Michoacán presentamos información preliminar del análisis de las concesiones registradas en el Registro Público de Derechos de Agua (REPDA) que nos permitió identificar los principales acaparadores de agua en México y Michoacán. Advertimos que sólo refleja el acaparamiento legalizado del agua, el análisis no contempla el acaparamiento ilegal que se logra mediante pozos y tomas clandestinas, despojo violento de agua, prestanombres, etc.

A principios de los años 90, el Banco Mundial (BM), la Organización Mundial de Comercio (OMC), y el Fondo Monetario Internacional (FMI), presionaron a los gobiernos de los países del mundo para emitir leyes que privatizaran el agua. En California no existen restricciones para explotar acuíferos[14] y los empresarios pretenden eliminar las restricciones para explotar aguas superficiales y que el mercado administre el agua[15].

---

[14] https://www.scientificamerican.com/article/the-science-of-california-s-unprecedented-drought/
[15] https://www.pacificresearch.org/new-permanent-state-water-restrictions-wont-increase-supply/?gclid=Cj0KCQjw6_vzBRCIARIsAOs54z4mRokH35WO3-4vzGgTIMT6l4SM42IBfg1kO_WS26Jm84dB6U4SbZoaApAlEALw_wcB

Mundo.

La privatización y acaparamiento del agua agudiza la sobreexplotación del agua, se estima que las empresas trasnacionales acaparan al menos 454 mil millones de metros cúbicos por año[16], el 60% de esa agua está controlada por empresarios de Estados Unidos, Emiratos Árabes Unidos, India, Reino Unido, Egipto, China e Israel, frecuentemente el acaparamiento de agua está asociado al acaparamiento de tierra[17] en la industria global del suministro y tratamiento de agua dos monopolios franceses, Veolia Environnement y Suez Water System, dominan el 70% del mercado de los servicios de suministro y tratamiento de agua de todo el mundo[18]. Desde hace algunos años los mayores bancos y fondos de inversión tales como Goldman Sachs, JP Morgan Chase, Citigroup, UBS, Deutsche Bank, Credit Suisse, Macquarie Bank, Barclays Bank, the Blackstone Group, Allianz, y HSBC Bank, entre otros, han consolidado su control sobre el agua en todo el mundo. La familia del expresidente George H.W. Bush adquirió 300,000 acres del acuífero Guara ubicado en América del Sur y considerado el más grande acuífero en el mundo[19].

El 16 de junio de 2015, el Washington Post, publicó un estudio de la NASA que muestra que 21 de los acuíferos más grandes de mundo se están agotando. Jay Famiglietti, científico de la NASA, declaró "la situación es bastante crítica"[20]. La privatización y acaparamiento del agua agudiza la sobreexplotación del agua, el 19% del agua extraída se destina a uso industrial y 70% a uso agrícola. CDP, una organización no lucrativa con presencia en varios países encuestó a un grupo de 296 empresas, el 75% de las empresas encuestadas reportan que requieren más agua y la que reciben tienen mala calidad, sin embargo el 50% de las empresas encuestadas afirman que incrementarán la extracción de agua[21].

---

[16] Estimación basada en el volumen de agua relacionada con el acaparamiento de tierra https://landmatrix.org/
[17] https://www.scientificamerican.com/article/corporations-grabbing-land-and-water-overseas/
[18] https://www.tni.org/es/publicacion/el-acaparamiento-mundial-de-aguas-guia-basica#13
[19] https://mywaterearth.com/who-are-the-global-water-grabbers/
[20] http://www.washingtonpost.com/news/wonkblog/wp/2015/06/16/new-nasa-studies-show-how-the-world-is-running-out-of-water/
[21] https://www.cdp.net/en/research/global-reports/global-water-report-2018?cid=309699438&adgpid=50349551406&itemid=&targid=kwd-

2,200 millones de personas carecen de servicios de agua potable, 4,200 millones de personas carecen de servicios de saneamiento de agua administrados de forma segura, 2 mil millones de personas viven en países que experimentan alto estrés hídrico[22].

Los siguientes datos ilustran la vulnerabilidad de amplios sectores de la población por la escasez de agua potable y de saneamiento:

- 2 mil millones de personas viven en países que experimentan alto estrés hídrico[23].
- 2,100 millones de personas carecen de servicios de agua potable gestionadas de forma segura (ubicada dentro de casa, disponible cuando sea necesario y libre de contaminación fecal y química)[24].
- 4,500 millones de personas carecen de servicios de saneamiento de agua administrados de forma segura (instalaciones sanitarias no se comparten con otros hogares y donde las excretas se eliminan de forma segura in situ o se transportan y se tratan fuera del lugar)[25].
- 40% de la población mundial carece de instalaciones básicas de higiene para lavarse las manos en casa[26].

México

El 1 de diciembre de 1992, el entonces presidente Carlos Salinas de Gortari decretó la "Ley de Aguas Nacionales" con apego a la iniciativa privatizadora del BM, OMC y FMI. La "Ley de Aguas Nacionales" que privatizó la infraestructura hidráulica y la extracción de agua mediante concesiones.

1663807042&mt=b&loc=1010110&ntwk=g&dev=c&dmod=&adp=&gclid=Cj0KCQjw6_vzBRCIARIsAOs5 4z6gFTkbK2EwQK1w4aWtsy9SqXdAliYZqAjAN1yt8tXi4sAmkfI-JZwaAtVIEALw_wcB

[22] https://www.un.org/en/sections/issues-depth/water/

[23] Página 15. Informe Mundial de las Naciones Unidas sobre el Desarrollo de los Recursos Hídricos 2019. No dejar a nadie atrás. UNWATER. https://unesdoc.unesco.org/ark:/48223/pf0000367304

[24] Página 39. Informe Mundial de las Naciones Unidas sobre el Desarrollo de los Recursos Hídricos 2019. No dejar a nadie atrás. UNWATER. https://unesdoc.unesco.org/ark:/48223/pf0000367304

[25] Página 39. Informe Mundial de las Naciones Unidas sobre el Desarrollo de los Recursos Hídricos 2019. No dejar a nadie atrás. UNWATER. https://unesdoc.unesco.org/ark:/48223/pf0000367304

[26] https://www.unwater.org/water-facts/handhygiene/

Hasta el 31 de mayo de 2019, Comision Nacional del Agua (CONAGUA) informa que existen 516,396 títulos concesionados, de manera que, el 67.66% del agua concesionada se dedica a generación eléctrica, 21.66% a la agricultura y el 4.91% al servicio público urbano y doméstico. El Registro Público de Derechos de Agua proporciona información del titular, el volumen de agua concesionada y el tipo de uso, una revisión de los titulares de las concesiones nos permite estimar que 54,634 millones de metros cúbicos anuales de agua está concesionada al sector privado.

Persona Física o Moral	Número de concesiones	Metros cúbicos anuales
Sociedad Mercantil	14,564	29,403,331,554.72
Persona Física	233,916	16,445,422,789.64
Sociedad Civil	5,344	5,272,808,861.67
Sociedad Agraria	8,281	2,842,058,762.99
Cooperativa	1,460	663,359,566.03
Asociación Religiosa	127	7,483,756.95
Total	263,692	54,634,465,292.00

Es importante señalar que no se vigila la extracción de agua establecida en el título de la concesión, por lo que el titular de la concesión puede extraer más agua.

Otros elementos por considerar son tomas y pozos no autorizados, es decir, la extracción ilegal de agua. Se considera que Guanajuato es el estado con mayor número de pozos, el 19 de febrero de 2019, Humberto Navarro de Alva, delegado de CONAGUA en el estado, declaró que existen al menos 4 mil pozos ilegales .

A partir de la revisión somera del Registro Público de Derechos de Agua[27] de la Comisión Nacional del Agua, se observa el acaparamiento y privatización de agua en cuantas empresas y personas físicas en México:

Sector	Concesiones	Metros cúbicos anuales
Generación de electricidad	57	22,712,989,810.55
Cervecería	77	220,122,059.88
Inmobiliaria	821	197,293,233.80
Embotelladora	373	91,853,463.34
Vinícola	112	36,999,461.66
Avícola	440	36,682,189.73
Lácteos	96	20,004,857.53
Cemento	44	12,106,298.89
Educativo	103	9,408,291.21
Agua purificada	54	1,940,583.02
Total	2,177	23,339,400,249.61

1,533 personas físicas acaparan 2,644 millones de metros cúbicos al año, cada una de ellas acapara 1 millón de metros cúbicos al año, la tabla muestras las 10 personas con el mayor volumen concesionado.

Nombre	Metros cúbicos anuales
Abraham Haddad Ferez	114,002,640.00
María Esther Ruiz Anitua	46,971,639.00

---

[27] https://app.conagua.gob.mx/consultarepda.aspx

Francisco Javier Antonio Claret Rafael Concha y Llorens	37,843,200.00
Arturo González Ruiz	10,883,870.72
Daniel Adrián Jones Jones	10,249,200.00
German Alberto Ireta Alas y Otros	10,249,200.00
C. Adela Amada Thomas Couturier	8,989,056.00
Jorge M Vélez Cicero	8,000,000.00
Francisco Yee Rubio	7,655,155.20
Toma Robles – Patrizeño	7,095,600.00

La imagen muestra el mapa el grado de presión hídrica (relación entre el agua consumida y el agua disponible en la cuenca) en cada una de las regiones hidrológicas del país, la mayoría de las regiones se encuentran en un alta presión hídrica (se consume entre el 40% y 100% del agua disponible de la cuenca). El mapa es parte del Sistema Nacional de Información del Agua de CONAGUA (http://sina.conagua.gob.mx/sina/tema.php?tema=gradoPresion&ver=mapa).

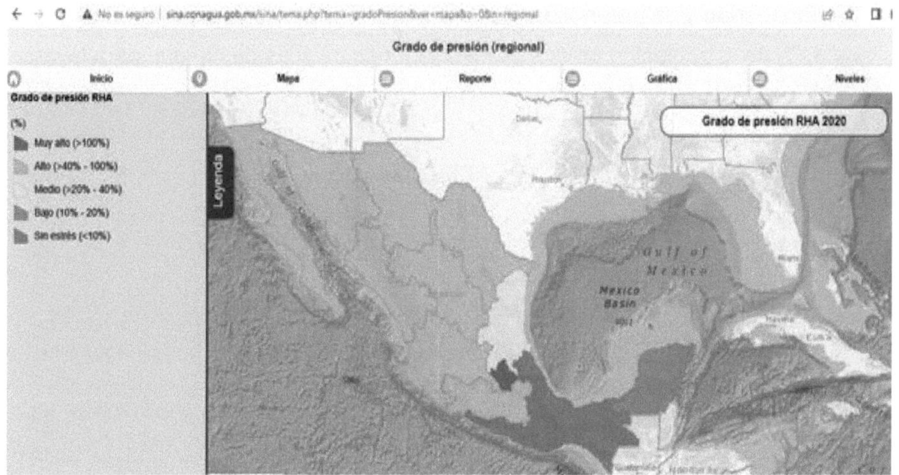

En México el 80% de la población vive zonas de alto y muy alto estrés hídrico, el 10% de la población carece de acceso a agua potable[28], la ley nacional de agua permite la privatización y acaparamiento de la explotación de cuencas y acuíferos, no existen medidas para evitar la sobre explotación de cuencas y acuíferos, se carecen de plan de manejo para asegurar la sustentabilidad de cuencas y acuíferos, se estima que entre el 50% y 70% de cuencas y acuíferos están contaminados.

Los siguientes datos ilustran la vulnerabilidad en México de amplios sectores de la población por la escasez de agua potable y de saneamiento:

- 80% de la población vive zonas de alto y muy alto estrés hídrico.
- 57% de la población carece de servicios de agua potable gestionadas de forma segura (ubicada dentro de casa, disponible cuando sea necesario y libre de contaminación fecal y química), 31% de la población no tiene agua disponible cuando la necesita y el 57% de la población reciben el agua contaminada[29].
- 55% de la población carece de servicios de saneamiento de agua administrados de forma segura (instalaciones sanitarias no se comparten con otros hogares y donde las excretas se eliminan de forma segura in situ o se transportan y se tratan fuera del lugar[30].
- 12% de la población carece de instalaciones básicas de higiene para lavarse las manos en casa[31].

---

[28] Cifras de Coneval. Indicadores complementarios 2010-2018.

[29] Página 69. Progresos en Materia de agua potable, saneamiento e higiene. Informe de actualización de 2017 y la línea de base de los ODS. UNICEF. Organización Mundial de la Salud.

[30] Página 87. Progresos en Materia de agua potable, saneamiento e higiene. Informe de actualización de 2017 y la línea de base de los ODS. UNICEF. Organización Mundial de la Salud.

[31] Página 95. Progresos en Materia de agua potable, saneamiento e higiene. Informe de actualización de 2017 y la línea de base de los ODS. UNICEF. Organización Mundial de la Salud.

Michoacán.

En el estado se reproducen las mismas prácticas de acaparamiento y privatización de agua, en la siguiente tabla se muestran a las principales empresas que acaparan agua en Michoacán, conforme a la información del REPDA:

Sector/Empresa	Metros cúbicos anuales
Generación De Electricidad	**472,000,000.00**
Fenix (*)	472,000,000.00
Minería	**99,575,226.00**
Arcelormittal	99,575,226.00
Papel	**46,633,951.00**
Crisoba Industrial	44,150,400.00
Industrial Papelera Mexicana	2,483,551.00
Ingenio	**4,627,222.78**
Ingenio Lazaro Cardenas	3,448,638.72
Ingenio Santa Clara, S. A. De C. V.	746,490.06
Ingenio Pedernales, S.A. De C.V.	432,094.00
Embotelladora	**4,451,753.00**
Coca Cola	2,989,584.00
Aga	967,540.00
Pepsi	494,629.00
Inmobiliaria	**2,090,785.00**

Inmobiliaria Hsj	800,000.00
Inmobiliaria Geusa	323,767.40
Inmobiliaria Country, S. A. De C. V.	200,000.00
Desarrolladora Inmobiliaria Del Valle De Zacapu, S.A. De C.V.	145,908.00
Constructora E Inmobiliaria Valladolid, S. A. De C. V.	130,200.00
Inmobiliaria Las Huertas Country, S.A. De C.V. Y Administracion Deportiva Especializada, S.A. De C.V.	127,000.00
Impulsora Comercial Inmobiliaria Agroabastos, S.A. De C.V.	100,000.00
Inmobiliaria Llanos De Uruapan	82,099.00
Inmobiliaria Galoza, S.A. De C.V.	60,000.00
Inmobiliaria El Junco Michoacan, S.A. De C.V.	60,000.00
Constructora E Inmobiliaria Villalongin, S. A. De C. V.	23,652.00
Inmobiliaria Y Congeladora Santa Rosa, S. A. De C. V.	10,500.00
Inmobiliaria Came	9,720.00
Inmobiliaria Turistica Brisas De Caleta, S.A. De C.V.	7,334.60
Autotra Inmobiliaria El Duero S. A De C. V.	5,000.00
Inmobiliaria Flosol, S.A. De C.V.	3,392.00
Promotora Inmobiliaria Del Balsas, S. A. De C. V.	1,500.00
Inmobiliaria Del Valle De Zamora, S.A. De C.V.	712.00
Aguacate	**935,996.51**
Asociacion De Productores De Aguacate La Hierbabuena	449,598.52

Avoproductora M&M, S. De P. R. De R. L.	181,000.00
Aguacates La Colmena S.P.R. De R.L. De C.V.	97,352.33
Productores Y Empacadores De Aguacate De Periban, S.A. De C.V.	81,000.00
Integradora De Productores De Aguacate La Providencia, S. P. R. De R. L. De C. V.	37,700.00
Aguacates La Joya De Uruapan, S. P. R. De R. L. De C. V.	20,736.00
Empacadora De Aguacates San Lorenzo, S.A. De C.V.	18,249.88
Avocado Export Company, S.A. De C.V.	17,998.00
Fies Productores De Aguacate S. P. R. De R. L.	13,547.38
Aguacates Doña Mariana S.P.R. De R.L.	10,520.00
Avoleo, S.A. De C.V.	4,147.20
Asociacion De Huerteros Los Aguacates De Los Nogales, A.C.	4,147.20
Frutillas	**700,008.00**
Agroberry	304,000.00
Berries Chapultepec, S. A. P. I. De C. V.	180,000.00
Ceickor Berries, S. A. P. I. De C. V.	150,000.00
Queen Berries, S. A. De C. V.	36,288.00
Driscoll's Operaciones	29,720.00
Total	**631,014,942.29**

(*) Fenix es una empresa mixta 51% pertenece al SME y 49% a capital italiano. El SME ha propuesto al gobierno que la empresa pase a propiedad pública y que la CFE contrate a sus agremiados.

En el caso del Aguacate es importante señalar que las concesiones identificadas son aquellas que de manera explícita señalan el cultivo de aguacate, el acaparamiento debe ser mucho mayor.

La siguiente tabla muestra a las personas en Michoacán que cuenta con concesiones de al menos 1 millón de metros cúbicos de agua anuales.

Titular.	Metros cúbicos anuales.
German Alberto Ireta Alas, Irma Edna Ireta Vivanco Y Rosa Zita De Lourdes Ireta Aguilera German Alberto Ireta Alas y Rosa Zita De Lourdes Ireta Aguilera	10,249,200
Alfredo Sánchez Ramírez	2,852,000
Soledad Escalera Salcedo	2,775,168
Joaquín Barragán Ortega	2,290,144
Fausto Alberto Suarez Correa	2,207,520
Luis Cuadra Flores	2,018,304
Pedro García Ruiz	1,555,200
Pedro De La Cruz Vaca	1,447,296
Nabor Cervantes Murguía	1,330,560
Bertha Pedraza Chávez Antonio Pedraza Chávez, Roger Pedraza Chávez Y Teresa Chávez Torres	1,283,657
J. Apolinar Salvador Boyso Patiño	1,261,440
Leticia Valencia Contreras	1,180,000
José Jesús Manuel Domingo Velázquez Mora	1,179,360

Abelardo Pérez	1,135,296
Salvador Barragán Barragán, Abraham González y Francisco Rodríguez	1,135,226
Marcelino Álvarez Torres	1,119,744
Ma. Luisa Guízar Chávez	1,044,684
José Sandoval Mendoza, José Dennis y Francisco Sandoval Parra, Domingo y Marco Antonio Sandoval Vaca	1,026,000
José Amador Reséndiz	1,016,064

La privatización y acaparamiento del agua han provocado graves problemas socioambientales en Michoacán:

1. Las empresas inmobiliarias en Morelia amenaza a dos de las 3 principales fuentes de agua de la ciudad.
   1.1. Pozos de Agua. La deforestación de la cuenca del río chiquito, que a su vez evita la recarga de los mantos freaticos y reduce la extracción de agua de los pozos para consumo de sus habitantes.
   1.2. Manantial de la Mintzita. La expansión inmobiliarias en la zona poniente de la ciudad y la planta Kimberly Clark amenazan al manantial de la Mintzita.
2. La expansión de las empresas aguacateras agrupadas en la APEAM ha provocado la deforestación de bosques y el acaparamiento de agua, ocasionando escasez de agua para el consumo humano y para otros usos forestales y agrícolas en toda la zona aguacatera: Villa Madero, Tacámbaro, Salvador Escalante, Tingambato, Uruapan, Los Reyes, Tancítaro y la meseta purépecha.
3. La expansión del cultivo de frutillas impulsada por la empresa Driscoll ocasiona el acaparamiento de agua, y la escasez de agua para el consumo humano y otros cultivos agrícolas en Lagunillas y Huiramba.

4. La desecación y contaminación del lago de Chapala, la laguna de Cuitzeo, el lago de Pátzcuaro y el lago de Zirahuen. Recientemente se identificó una cantidad importante de cadmio en el lago de Chapala.

5. Las aguas residuales de la empresa ArcelorMittal contaminan el río Acalpican con sustancias tóxicas en el municipio de Lázaro Cárdenas, ocasionando severos problemas de salud a las personas que viven en la ribera del río, y matando a peces que viven en el cauce del río y en la desembocadura del río en mar abierto.

6. El 20% de las comunidades indígenas carecen de agua potables y drenaje, detonando la movilización del Consejo Supremo Indígena de Michoacán a la Ciudad de México para abrir una mesa de negociación con Andrés Manuel López Obrador para acceder al derecho humano del agua[32].

Conclusión.

En el capitalismo el agua sólo tiene sentido como un insumo del proceso productivo de mercancías, cuyo fin último es generar ganancias y acumular capital, que en última instancia conforma las enormes fortunas de la oligarquía mundial. La privatización, el acaparamiento y la desregulación del agua son una exigencia material del proceso de acumulación de capital, por lo que el capitalismo es la causa raíz de la privatización y acaparamiento del agua, y de las crisis hídricas.

Privatización del agua. Primera reforma estructural.

El acaparamiento del agua en el mundo es un factor que contribuye al cambio climático. Durante la década de 1990 el Banco Mundial y el Fondo Monetario Internacional presionaron a los países del mundo a privatizar el agua, constituyendo la primera reforma estructural. México no fue la excepción como veremos.

---

[32] https://www.quadratin.com.mx/principal/sin-servicio-de-agua-y-drenaje-20-de-comunidades-indigenas/

Ley de Aguas Nacionales.

El 1 de diciembre de 1992, el entonces presidente Carlos Salinas de Gortari decretó la Ley de Aguas Nacionales, en adelante la LEY, con apego a la iniciativa privatizadora de agua del Banco Mundial, Organización Mundial del Comercio y el Fondo Monetario Internacional, se considera la primera reforma estructural[33]. La LEY privatiza el agua y la infraestructura hidráulica pública, facilita su acaparamiento en manos de monopolios y empresas privadas.

La LEY permite la privatización y acaparamiento del agua mediante instrumentos denominados concesiones, en términos del artículo 21 de la LEY una persona presenta una solicitud a la CONAGUA para obtener una concesión de agua, en la cual debe señalar, entre otras cosas, el volumen de extracción y "uso inicial que se le dará al agua"[34].

La LEY permite al titular de la concesión realizar transacciones con el agua: 1) el artículo 23 de la LEY permite al titular de la concesión "proporcionar a terceros en forma provisional el uso total o parcial de las aguas concesionadas"; y 2) la fracción IV del artículo 28 de la LEY otorga al titular de la concesión el derecho de transmitir[35] total o parcialmente la concesión, la cual está regulada en el capítulo V "Transmisión de Títulos", que, entre otras cosas, permite "las transmisiones de los títulos respectivos, dentro de una misma cuenca hidrológica o acuífero". Presentamos dos ejemplos ilustrativos del tianguis del agua:

1. El 25 de septiembre de 2012 mediante convenio privado los representantes legales de la Comunidad de San Bartolomé Coro, municipio de Zinapécuaro, ceden derechos de concesión de agua por 30,000 metros cúbicos anuales a

---

[33] Reformas estructurales. Conjunto de reformas que facilitan la producción y flujo de mercancías, el flujo de capital, eliminando las regulaciones estatales que restrinjan el proceso de generación de mercancías y capital, colocando los recursos de los estados al servicio de las trasnacionales, eliminando prestaciones laborales y privatizando servicios y bienes públicos.

[34] Agrícola, Ambiental, Consuntivo, Domestico, Acuacultura, Industrial en minería, Industrial, Pecuario y Uso Público Urbano. Fracciones LIII,LIV,LV,LVI,LVII,LVII BIS, LVIII, LIX y LX del Artículo 3 de la LEY.

[35] Transmitir. En Derecho. Enajenar, ceder o dejar a alguien un derecho u otra cosa. Diccionario de la Real Academia Española

Andrés Alwin Nahmmacher Romero, concesión que fue presentada en el visto bueno del proyecto de vialidad y lotificación otorgado por el Ayuntamiento de Morelia mediante oficio SDMI-DOU-FRACC-2875/2017, para el fraccionamiento Campestre Puerta del Bosque, ubicado la Tenencia de Jesús del Monte.

2. El 10 de diciembre de 2002 mediante convenio el Organismo Operador de Agua Potable, Alcantarillado y Saneamiento de Morelia otorga a la empresa el aprovechamiento de un volumen de agua de 4,730,400 metros cúbicos anuales, que deberán ser destinados a suministrar el servicio al desarrollo inmobiliario denominado "Montaña Monarca".

La LEY contempla los Consejos Consultivos de los organismos de cuenca y los Consejos de Cuenca, que participan en diversos temas sobre la administración del agua, ambos integrados por los concesionarios del agua, y de los cuales se excluye al pueblo (Artículo 12 BIS 2 y artículo 13 bis de la LEY).

Legalizar la explotación de cuencas y acuíferos sobre explotados.

El artículo 38 de la LEY otorga atribuciones al Ejecutivo Federal "previo los estudios técnicos" decretar zonas reglamentadas, zonas de veda o declarar la reserva de agua; el artículo 39 BIS de la LEY otorga atribucionea al Ejecutivo Federal para expedir decretos para el establecimiento de zonas de veda para la explotación, uso o aprovechamiento de aguas en caso de sobreexplotación de cuencas o acuíferos, sequía o escacez extrema. Los artículos 40, 41, 42 y 43 de la LEY establecen las condiciones y atribuciones para que le Ejecutivo Federal suprima total o parcialmente las vedas.

establece la posibilidad de establecer vedas en cuencas y acuíferos sobre explotados, incluye el mecanismo para suprimir esas vedas, el cual contempla suministrar información privilegiada a

El artículo 13 BIS 3 fracción VIII otorga atribuciones a los Consejos de Cuenca, constituidos por concesionarios, a participar en el análisis de los estudios técnicos relativos a la disponibilidad y usos del agua, lo que permite a los concesionarios conocer información privilegiada, participar en la supresión de vedas de explotación de agua, anticipar la solicitud de concesiones de agua en las cuencas cuyas vedas fueron suprimidas.

Ilustraremos esta conducta mediante el procedimiento de aprobación de 10 decretos que suprimen la veda en 295 cuencas hidrológicas publicados en el Diario Oficial de la Federación el 6 de junio de 2018, la imagen 1 ilustra la línea del tiempo.

Legalizan la explotación de cuencas sobreexplotadas.

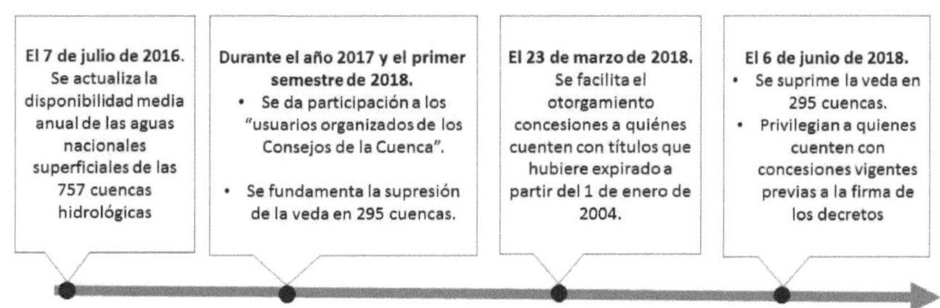

Imagen 1 Línea del tiempo del proceso de aprobación de 10 decretos que suprimen la veda en 295 cuencas hidrológicas publicados en el Diario Oficial de la Federación el 6 de junio de 2018.

El 6 de junio de 2018 se publicaron en el Diario Oficial de la Federación 10 decretos que suprimen la veda en 295 cuencas hidrológicas, esto es, autorizan la explotación de agua en cuencas que se consideraban sobreexplotadas, conforme a los siguientes hitos:

1. El 7 de julio de 2016, se publicó en el Diario Oficial de la Federación el "ACUERDO por el que se actualiza la disponibilidad media anual de las aguas nacionales superficiales de las 757 cuencas hidrológicas que comprenden las

37 regiones hidrológicas en que se encuentra dividido los Estados Unidos Mexicanos". Cabe mencionar que, el decreto del 7 de julio de 2016 establece que se utilizó la norma "NOM-011-CONAGUA-2015" para determinar la disponibilidad media anual del agua de las cuencas. Sin embargo, Miguel Ángel Montoya, Asesor parlamentario y consultor independiente Gestión integral del agua, afirma:

"Existen además dos agravantes técnicos. El primero es que los estudios de disponibilidad que fundamentan la Supresión de Vedas se basan en estudios oficiales que en realidad no están actualizados, es decir que los mismos fueron elaborados entre 2014 y 2011 y a los cuales solo se les ha cambiado la "carátula" para simular que están actualizados y de ese modo cumplir con el requisito legal que impone la obligación de actualizarlos cada 3 años. El segundo es que la fórmula para calcular y actualizar la disponibilidad establecida en la Norma Oficial Mexicana NOM-011-CONAGUA-2000 tiende a sobreestimar la recarga y por tanto a expresar una disponibilidad mayor de agua. Esta NOM ha sido severa y sistemáticamente cuestionada por académicos, geólogos e hidrólogos expertos quienes afirman que en México se otorgan concesiones y se suprimen o establecen Vedas prácticamente a ciegas."

Conforme a Miguel Ángel Montoya, dado que los estudios fueron elaborados entre 2014 y 2011, no se utilizó la "NOM-011-CONAGUA-2015", como se señala en los decretos del 6 de junio de 2018. Por lo que los estudios son fraudulentos, y se habría justificado la extracción de agua en cuencas sobreexplotadas.

La medición objetiva y científica de la disponibilidad anual del agua, así como su difusión pública es crucial para la adecuada administración del agua. Misma que debe privilegiar el derecho humano al agua, y el uso eficiente y sustentable del agua en los procesos productivos.

2. Con base a la disponibilidad de agua de las cuencas publicadas en el decreto del 7 de julio de 2016, durante el año 2017 y el primer semestre de 2018, se da participación a los "usuarios organizados del Consejo de la Cuenca". Cabe mencionar que es opaco el mecanismo de elección de los "usuarios organizados", cada Consejo de Cuenca establece las reglas de elección. Los "usuarios organizados" se agrupan por uso del agua: agrícola, industrial, comercial, acuacultura, servicio público, etc.

   Actualmente el pueblo no elige a las personas que participan en la Asamblea de usuarios organizados de las cuencas, por tanto, el pueblo no está representado en ellas. La Asamblea de usuarios organizados está constituido por representantes de los concesionarios, es decir, de los particulares que se apropiaron de la explotación del agua de las cuencas.

3. Con base a la disponibilidad de agua de las cuencas publicadas en el decreto del 7 de julio de 2016, durante el año 2017 y el primer semestre de 2018 se publicaron decretos en el Diario Oficial de la Federación que permite a la autoridad fundamentar la supresión de la veda o bien establecen que no existe impedimento normativo para explotar las aguas de las 295 cuencas mencionadas en los decretos de junio de 2018.

4. El 23 de marzo de 2018 se publica en el Diario Oficial de la Federación un decreto que facilita el otorgamiento de nuevas concesiones o asignaciones de aguas nacionales, aún en cuencas con veda o reserva, a las personas que cuenten con títulos cuya vigencia hubiere expirado a partir del 1 de enero de 2004, así como respecto de títulos vigentes cuya prórroga no se solicitó en los plazos señalados en la Ley de Aguas Nacionales, y para las solicitudes de prórroga presentadas fuera de dichos plazos que se encuentren pendientes de resolución.

Una serie de decretos emitidos con la debida oportunidad, permitieron:

1. Realizar estudios técnicos para actualizar disponibilidad de agua en las cuencas.

2. Informar a los "usuarios organizados de la cuenca" la disponibilidad de agua en las cuencas. Los representantes de los "usuarios organizados" son personas que representan a los particulares o empresas que explotan la cuenca.

3. Justificar la supresión de las vedas de las cuencas.

4. Ofrecer facilidades para renovar concesiones, incluyendo para cuencas vedadas.

5. Privilegiar a particulares y empresas la explotación de las cuencas recién liberadas de la veda.

En resumen, pavimentaron el camino para que las particulares y empresas con información oportuna, pudieran apropiarse de la explotación de las cuencas hídricas.

Cabe mencionar que, si analizamos cada decreto de forma aislada, parecieran inofensivos, solo cuándo se analizan en conjunto, se observa la perversidad y alevosía para entregar el recurso hídrico a particulares y empresas privilegiadas. Esta forma de proceder permite operar la privatización del agua a espaldas del pueblo, la alevosa opacidad es un elemento clave en la privatización de un recurso vital, que, de otra manera, estaría sujeto a un escrutinio severo y ser motivo de protestas masivas.

Irregegularidades en los títulos de concesión.

La Ley establece regulaciones para el otorgamiento de concesiones de agua, que se basan en la disponibilidad de agua en cuencas y acuíferos, entre ellas las siguientes:

El artículo 14 BIS 5 fracción VII de la LEY establece

"El Ejecutivo Federal se asegurará que las concesiones y asignaciones de agua estén fundamentadas en la disponibilidad efectiva del recurso en las regiones hidrológicas y cuencas hidrológicas que correspondan, e instrumentará mecanismos para mantener o reestablecer el equilibrio hidrológico en las cuencas hidrológicas del país y el de los ecosistemas vitales para el agua;"

Esto es, las concesiones se otorgan conforme a la disponibilidad de agua en cada cuenca o acuífero.

El artículo 21 de la LEY establece los datos que debe contener la solicitud de concesión, entre ellos destacamos: Nombre y domicilio del solicitante, cuenca o acuífero que refiere la solicitud, las coordenadas geográficas del punto de extracción y el uso inicial que se le dará al agua. Esta información es relevante porque es la base para establecer si existe disponibilidad de agua en la cuenca o acuífero para otorgar la concesión, y en su caso, se establecen en el título de la concesión.

El artículo 29 BIS 2 fracción de la LEY establece las condiciones para suspender una concesión, en particular la fracción V, señala: "No cumpla con las condiciones o especificaciones del título de concesión o asignación, salvo que acredite que dicho incumplimiento no le es imputable".

Periódicamente CONAGUA publica las coordenadas de los puntos de extracción contenidos en los títulos de concesión, los cuales se pueden descargar del sitio de datos abiertos de CONAGUA.[36] El análisis de los puntos de extracción contenidos en las concesiones de agua nos permitió identificar una serie de irregularidades.

Titulos de concesión que omiten el nombre de cuenca o acuífero al que pertenecen.

A partir de información disponible en el Registro Público de Derechos de Agua de la CONAGUA, en lo referente a aguas superficiales, en el ámbito nacional existen 998 puntos de extracción cuyos títulos de concesión omiten el nombre de la cuenca hidrográfica a la que pertenecen, que amparan 909,901,266.80 metros cúbicos anuales de agua.

Estado	Número de puntos de extracción.	Volumen anual en metros cúbicos
AGUASCALIENTES	16	295,564.00
BAJA CALIFORNIA	14	22,649,602.50
BAJA CALIFORNIA SUR	9	4,127,729.00

---

[36] https://datos.gob.mx/busca/dataset/concesiones-asignaciones-permisos-otorgados-y-registros-de-obras-situadas-en-zonas-de-libre-alu

Estado	Número de puntos de extracción.	Volumen anual en metros cúbicos
CAMPECHE	11	575,333.76
CHIAPAS	38	6,940,844.76
CHIHUAHUA	2	342,000.00
COLIMA	23	1,539,955.50
DURANGO	33	48,187.00
GUANAJUATO	5	2,650,201.60
GUERRERO	51	839,054.00
HIDALGO	1	7,665.00
JALISCO	83	8,103,287.50
MÉXICO	91	84,732,769.00
MICHOACÁN DE OCAMPO	344	46,251,610.57
MORELOS	2	463,249.00
NAYARIT	80	7,083,967.51
NUEVO LEÓN	10	19,854,500.00
OAXACA	11	11,871,433.50
PUEBLA	46	178,662,755.46
QUERÉTARO	3	33,661.00
SAN LUIS POTOSÍ	2	534,000.00
SINALOA	25	21,587,875.00
SONORA	8	11,416,100.00
TABASCO	20	8,904,063.94
TAMAULIPAS	10	10,569,215.50
TLAXCALA	2	1,393,703.00
VERACRUZ DE IGNACIO DE LA LLAVE	43	458,197,126.70
ZACATECAS	15	225,812.00
Total general	998	909,901,266.80

En lo referente a aguas subterráneas, en el ámbito nacional existen 431 puntos de extracción cuyos títulos de concesión omiten el nombre del acuífero a la que pertenecen, que amparan 302,511,950.55 metros cúbicos anuales de agua.

Estado	Número de puntos de extracción.	Volumen anual en metros cúbicos
BAJA CALIFORNIA	280	178,385,821.55
BAJA CALIFORNIA SUR	7	3,241,400.00
GUANAJUATO	11	18,000,000.00
JALISCO	18	8,611,080.00
MICHOACÁN DE OCAMPO	70	44,000,000.00

NAYARIT	20	43,800,000.00
PUEBLA	25	6,473,649.00
Total general	431	302,511,950.55

Puntos de extracción que no se encuentran dentro de la cuenca o acuífero señalado en el título de concesión.

A manera de caso de estudio, analizamos las concesiones registradas en CONAGUA correspondiente al estado de Michoacán. A partir de información pública del "Registro Público de Derechos de Agua", mediante el sistema de información geográfica QGis se compararon las coordenadas de los puntos de extracción con los polígonos de las cuencas y acuíferos, se identificaron 1,476 puntos de extracción que no se localizan dentro del polígono del acuífero señalado en el título de concesión que amparan 191,426,062.02 metros cúbicos anuales de agua, se identificaron 1,060 puntos de extracción que no se localizan dentro del polígono de la cuenca señalada en el título de concesión que amparan 51,310,893.05 metros cúbicos anuales de agua, aunados a los 70 puntos de extracción que omiten el nombre del acuífero que amparan 44 millones metros cúbicos anuales de agua, y 344 puntos de extracción que omiten el nombre de la cuenca que amparan 46,251,610.57 metros cúbicos anuales de agua, en total 332,988,565.64 metros cúbicos anuales de agua.

Con lo cual se da al traste con la política hídirica, ya que se pierde el control sobre el volumen extraído respecto a la disponibilidad de agua en la cuenca o acuífero.

La tabla muestra el número de puntos de extracción que se localizan fueran de los acuíferos señalados en las concesiones de agua.

Acuífero	Puntos de extracción	Volumen anual metros cúbicos.
APATZINGÁN	71	12,978,337.54
BRISEÑAS-YURÉCUARO	94	20,149,700.98
CIENÉGA DE CHAPALA	72	10,613,146.39
CIUDAD HIDALGO-TUXPAN	79	1,977,941.85
COAHUAYANA	17	4,120,566.80
COTIJA	9	603,109.50
HUETAMO	133	1,144,772.85

Acuífero	Puntos de extracción	Volumen anual metros cúbicos.
LA HUACANA	21	1,930,332.12
LA PIEDAD	111	14,739,473.69
LAGUNILLAS PÁTZCUARO	10	830,505.69
LÁZARO CÁRDENAS	15	597,039.60
MARAVATÍO-CONTEPEC-E. HUERTA	502	69,916,408.23
MORELIA-QUERÉNDARO	65	17,414,599.13
NUEVA ITALIA	16	3,191,655.00
OSTULA	2	500,907.60
PASTOR ORTÍZ-LA PIEDAD	154	15,810,507.21
PLAYA AZUL	2	23,229.09
TACÁMBARO-TURICATO	28	2,445,825.91
URUAPAN	34	3,441,682.10
ZACAPU	8	2,498,057.80
ZAMORA	32	6,498,262.94
Total general	**1476**	**191,426,062.02**

La tabla muestra el número de puntos de extracción que se localizan fueran de los polígonos de las cuencas señaladas en las concesiones de agua.

Cuenca	Puntos de extracción	Volumen anual metros cúbicos.
BARRERAS	34	261,773.25
COAHUAYANA 1	17	214,909.63
COAHUAYANA 2	13	173,678.26
LAGO DE CUITZEO	61	1,531,693.08
LAGO DE PÁTZCUARO	4	116,051.60
LAGUNA DE YURIRIA	4	1,562,016.00
RÍO ACAPILCAN	58	540,295.00
RÍO ANGULO	1	255.50
RÍO BAJO BALSAS	18	1,676,896.00
RÍO CHULA	98	286,816.13
RÍO COALCOMÁN	166	933,985.70
RÍO CUPATITZIO	46	5,202,640.87
RÍO CUTZAMALA	55	2,628,447.84
RÍO DUERO	3	270,475.40
RÍO LERMA 2	10	331,823.32
RÍO LERMA 3	36	3,009,784.82
RÍO LERMA 4	2	19,051.20
RÍO LERMA 7	1	25,228.00

Cuenca	Puntos de extracción	Volumen anual metros cúbicos.
RÍO MEDIO BALSAS	2	3,827.72
RÍO NEXPA	229	4,063,286.64
RÍO QUERÉTARO	3	175,090.08
RÍO TACÁMBARO	32	4,809,317.76
RÍO TEPALCATEPEC	91	21,671,945.48
RÍO ZIRAHUÉN	5	316,603.92
RÍOS AQUILA-OSTUTA	49	1,361,350.22
RÍOS MARMEYERA-TUPITINA	22	123,649.63
Total general	**1060**	**51,310,893.05**

El caso CRISOBA INDUSTRIAL S.A. DE C.V.

La empresa CRISOBA INDUSTRIAL S.A. DE C.V. cuenta con una fábrica en el municipio de Morelia Michoacán (19.649798°, -101.264346°), a la cual se le otorgó el título de concesión 4MCH100212/12FOSG94 que le concede la explotación de 22,075,200.00 metros cúbicos anuales de agua para uso industrial, los cuales se obtienen a través de dos puntos de extracción:

Número	Latitud	Longitud	Volumen anual metros cúbicos
1	19°38'45.0000"	101°15'10.0000"	11,037,600.00
2	19°15'10.0000"	101°38'45.0000"	11,037,600.00

El punto de extracción 2 se encuentra en el municipio de Ario de Rosales a 59.1 kilometros de distancia en línea recta de la fábrica de CRISOBA ubicacada en el municipio de Morelia. En el siguiente mapa la marca roja corresponde al punto de extracción y la marca amarilla corresponde a la fábrica de Crisoba.

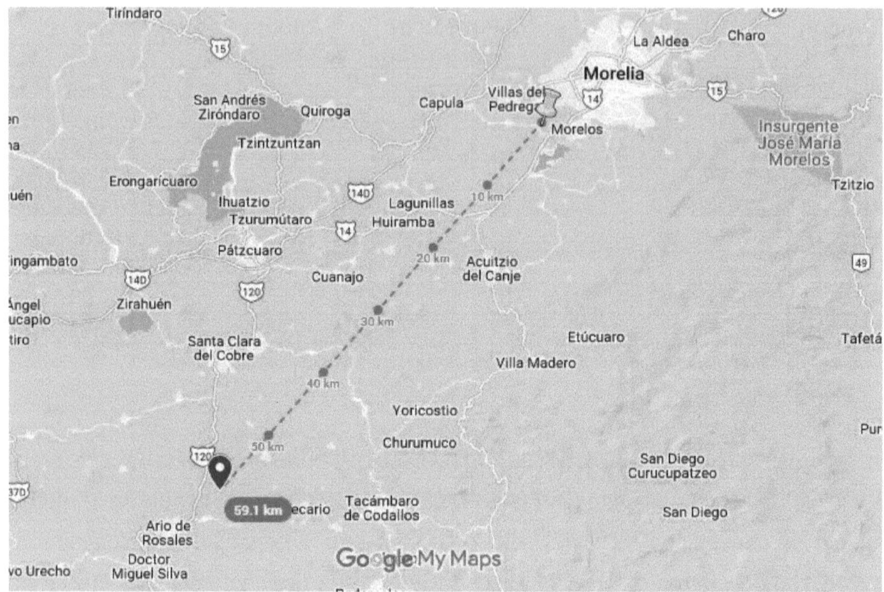

El caso del poblado de Jesús del Monte.

Al poblado de Jesús del Monte (19.65166806441037, -101.1510961393666) ubicado en el municipio de Morelia le otorgaron la concesión 08MCH107985/12HODL18 por 105,014.00 metros cúbicos anuales para uso público urbano, los cuales se obtienen a través de tres puntos de extracción:

Número	Latitud	Longitud	Fuente	Volumen anual metros cúbicos
1	19°37'28.0000" N	101°06'33.0000" W	Manantial El Peral	57,710.00
2	19°38'53.0000" N	101°39'54.0000" W	Manantial El Mastranto	31,536.00
3	19°39'16.0000" N	101°10'08.0000" W	Manantial Ojo de Aguita	15,768.00

El punto de extracción correspondiente al manantial El Mastranto contenido en el título de concesión se encuentra en el municipio de Erongarícuaro a 54 kilometros de distancia en línea recta del poblado de Jesús del Monte. En el siguiente mapa la marca roja corresponde al punto de extracción y la marca negra corresponde al poblado de Jesús del Monte.

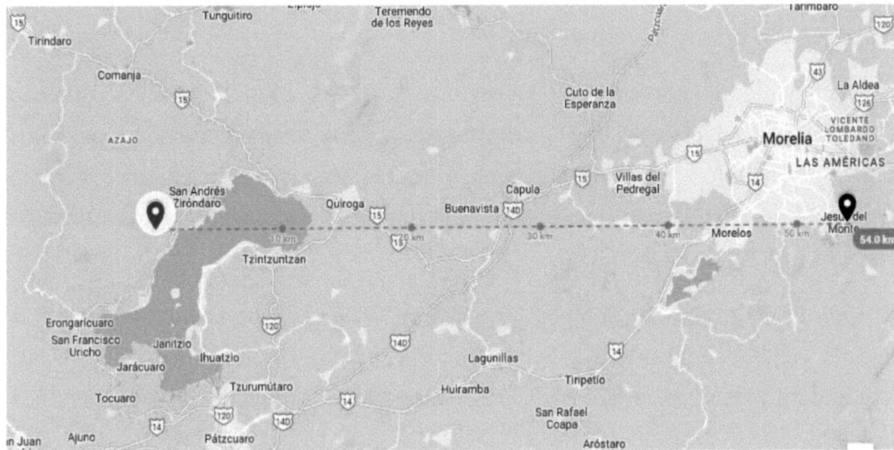

El verdadero manantial El Mastranto se encuentra a 639 metros de distancia en línea recta del centro del poblado de Jesús del Monte.

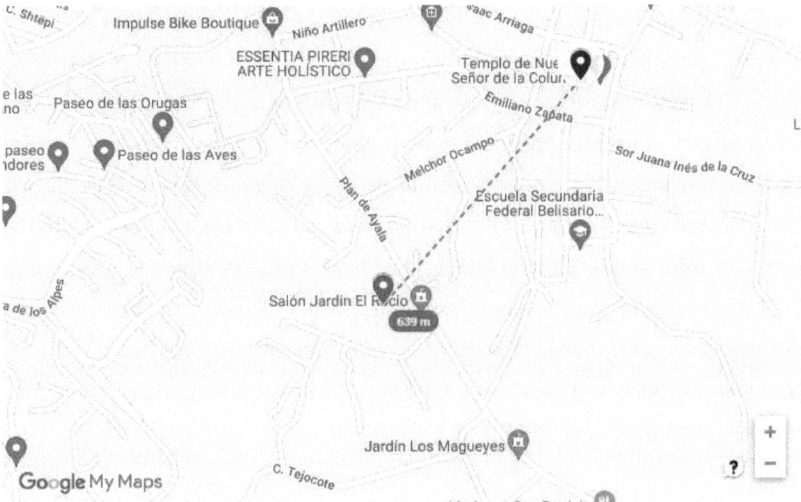

Derecho humano al agua y omisión del Congreso.

El 8 de febrero de 2012 se reformó el artículo 4° de la Constitución Política de los Estados Unidos Mexicanos, para elevar a rango constitucional el derecho humano al agua, derivado de ello el artículo tercero transitorio señala: "El Congreso de la Unión, contará con un plazo de 360 días para emitir una Ley General de Aguas.". El plazo feneció el 2 de febrero de 2013.

Prácticamente han transcurrido 5 legislaturas (LXI, LXII, LXIII, LXIV y LXV) que han sido omisas en decretar la Ley General de Aguas, que corresponden a los sexenios de Felipe Calderón, Enrique Peña Nieto y Andrés Manuel López Obrador, durante todo este periodo se han mantenido intactos los poderes fácticos en la Comisión Nacional del Agua (CONAGUA).

El 6 de febrero de 2020 la Mesa Directiva de la Cámara de Diputados recibió la iniciativa ciudadana que expide la Ley General de Aguas promovida por el colectivo "Agua para todos", en la que participa el Movimiento Ciudadano en Defensa de la Loma.

El nombramiento en octubre de 2020 de Elena Burns, integrante del colectivo Agua para Todos, como Subdirectora General de Administración de CONAGUA, generó expectativas positivas para decretar la Ley General de Agua con una orientación favorable para garantizar el derecho humano al agua, primero por la larga trayectoria de Elena en la defensa del derecho humano al agua, y segundo porque el Presidente Andrés Manuel López Obrador le encargó que las aguas fueran del pueblo y que acabara con la corrupción. El 31 de octubre de 2022, por órdenes de Germán Arturo Martínez Santoyo, Director General de CONAGUA, se impidió a Elena Burns acceder a las instalaciones, destituyéndola de manera irregular y ofensiva. La salida de Elena generó consternación y rechazo por diversos colectivos nacionales en defensa del derecho humano al agua. La destitución de Elena Burns y la permanencia de Germán Arturo Martínez Santoyo marcó el triunfo de los intereses oligárquicos al interior de CONAGUA.

La nueva Ley General del Agua.

Abrogar la Ley de Aguas Nacionales y emitir la Ley General de Aguas es un mandato constitucional.

La nueva Ley General de Aguas debe recuperar la propiedad y administración pública del agua, y asumir la restauración y conservación de cuencas y acuíferos, como parte integral del cuidado y uso del agua, estas medidas son indispensables para erradicar el cambio climático, y garantizar la vida de la humanidad, por ello, se deben garantizar los siguientes derechos y principios:

- El derecho humano al agua y saneamiento a todos los habitantes del país, así como a las futuras generaciones, eliminando toda forma de discriminación;
- El derecho a un medio ambiente sano;
- Mantener el caudal ecológico de las cuencas y acuíferos.
- Restaurar y conservar los sistemas ecológicos de cuencas y acuíferos.
- La soberanía alimenticia y el derecho a la alimentación en lo relacionado al agua;
- La producción de medicinas y productos de primera necesidad;
- La soberanía energética y el derecho humano a la energía en lo relacionado al agua;

Materializar esos derechos y principios requieren de al menos las siguientes medidas concretas:

1. Recuperar el agua y la infraestructura hidráulica como bienes nacionales y de seguridad nacional, cancelando todas las concesiones y nacionalizando la infraestructura hídrica del campo y la ciudad.
2. Constituir asambleas municipales con las atribuciones de diseñar, administrar y supervisar la gestión integral del agua, incluyendo la protección y restauración de la cuencas y acuíferos. Las asambleas estarán Integradas por un hombre y una mujer por cada colonia o barrio o localidades de hasta 2,500 habitantes.

3. Establecer que todos los organismos de agua potable serán de propiedad pública o comunal, son los únicos encargados de suministrar agua potable para uso doméstico y público.

4. Crear el Instituto Nacional de Recursos Hidráulicos cuyo objetivo es el suministro de agua para usos distintos al consumo doméstico y urbano, suministrará agua conforme a un orden de prelación que privilegia la producción de los productos de la canasta básica, y posteriormente el resto de los productos, la prelación también privilegia a los productores pequeños y medios, finalmente a los monopolios y trasnacionales.

5. Asegurar el derecho humano al agua garantizando el suministro gratuito de 300 litros diarios de agua por persona, se establecen tarifas diferenciadas para el consumo adicional en función del uso y nivel de ingreso.

6. Asegurar el uso del agua para satisfacer las necesidades del pueblo, requiere establecer una prelación en el suministro del agua:

    6.1. Consumo personal y urbano.

    6.2. Producción de productos de la canasta básica alimenticia y no alimenticia para consumo nacional.

    6.3. Producción de productos de la canasta básica alimenticia y no alimenticia para consumo nacional.

    6.4. Producción de alimentos destinados al consumo nacional.

    6.5. Producción de productos no agropecuario destinados al consumo nacional.

    6.6. Generación de energía con apego a soberanía energética.

    6.7. Produccion de productos agropecuarios destinados a la exportación.

    6.8. Produccion de productos destinados a la exportación.

    6.9. Uso en procesos productivos altamente contaminantes o nocivos.

7. Obligar a los municipios, industrias, negocios, agriculturas establecer plantas de saneamiento de agua, de manera que el agua desechada tenga la misma calidad que el agua recibida.

8. Asegurar la soberanía energética en materia de electricidad, únicamente se otorgará agua únicamente a la Comisión Federal de Electricidad.

La crisis del agua únicamente se solventará erradicando el acaparamiento de agua, y estableciendo la administración democrática del pueblo del recurso hídrico.

La democracia es la solución.

El capitalismo es la causa raíz del cambio climático y del acaparamiento y privatización del agua, erradicarlos está asociado intrínsecamente a la instauración de democracias populares, es decir reestructurar a la sociedad para producir los bienes y servicios que requieren las personas, en lugar de producir mercancías, que en última instancia producen ganancias, desigualdad y una élite parasitaria de super ricos.

La democracia representativa y los sistemas electorales tradicionales, han fracasado en resolver los graves problemas que enfrenta la humanidad, incluyendo el cambio climático. La oligarquía mundial y local son los responsables de la desigualdad, pobreza, hambruna, guerras y cambio climático.

La respuesta se encuentra en la democracia directa, eligiendo asambleas desde las unidades básicas de la sociedad: colonias, barrios, tenencias, comunidades, ejidos y localidades, y que cada asamblea nombre representante para integrar asambleas municipales, y así sucesivamente hasta integrar una asamblea nacional. La rendición de cuentas de las y los representantes sería inmediata, así como su reemplazo, en el caso que incumplieran con el mandato popular.

Los sistemas electorales deben facilitar la postulación de candidatas y candidatos, estableciendo como requisitos la honestidad y el respaldo popular, así como facilitar la conformación de partidos políticos, con requisito único de presentar su plataforma y documentos básicos.

Buy your books fast and straightforward online - at one of world's fastest growing online book stores! Environmentally sound due to Print-on-Demand technologies.

Buy your books online at
www.morebooks.shop

¡Compre sus libros rápido y directo en internet, en una de las librerías en línea con mayor crecimiento en el mundo! Producción que protege el medio ambiente a través de las tecnologías de impresión bajo demanda.

Compre sus libros online en
www.morebooks.shop